一 盆 一 景 一 世 界 半 农 半 艺 半 神 仙

中国盆景年鉴

2022

《花木盆景》编辑部◎主编

长江出版传媒

湖北科学技术出版社

《中国盆景年鉴 2022》编委会

目　录

第一章

2022年大事记

2022 NIAN DASHIJI

厦门市盆景花卉协会
第六届会员代表大会

2022.1.1

　　1月1日,厦门市盆景花卉协会第六届会员代表大会召开。大会选举产生了新一届理事会、监事会领导班子,柯成昆连任会长,魏积泉、汤锦铭、陈有鹏等担任名誉会长,陈秀瑜担任秘书长,黄振玉担任监事长。

　　厦门市盆景花卉协会于1985年成立,在耐翁、傅泉、柯成昆等各届会长的带领下,实现了跨越式发展,打造了"海峡两岸盆景展"及"闽派盆景"两大品牌,促进了海峡两岸盆景艺术文化交流,带动了两岸盆景共同发展,有力提升了闽派盆景文化在全国乃至海外盆景艺术界的影响力。协会目前共有会员300多人,其中30人通过盆景技师考核,20人通过高级盆景技师考核,8人获得福建省盆景艺术大师称号,4人获得中国盆景艺术大师称号。

2022.1.20

贵港市 2022 年迎春盆景展销会

1 月 20 日,"贵港市 2022 年迎春盆景展销会"在广西贵港市港南区山边花鸟大世界开幕,本次展会由贵港市港南区委、区政府主办,贵港市花卉盆景协会协办,贵港市和港南区的领导及相关部门代表,广西盆景艺术家协会、贵港市花卉盆景协会相关负责人出席了开幕式。

广西盆景艺术家协会会长毛竹率队观摩了展览,并委派中国盆景艺术大师罗传忠担任本次展览评审委员会主任,对 220 件参展作品进行了认真细致的评比,共评出金奖 10 盆、银奖 20 盆、铜奖 30 盆。本次展会的社会效益和经济效益均超出预期,极大增强了贵港市对发展盆景产业的信心和决心。

2022.1.23

扬州江都区盆景协会"盆景才艺秀"

1 月 23 日,江苏扬州江都区盆景协会"盆景才艺秀"在曹王林园场的江苏盆景实验园举办,王怀康、丁昕等 11 位本土青年盆景技师同台竞技,用手中的剪刀剪出心中的"诗和远方"。经过两个多小时的创作,青年盆景技师们都顺利完成了自己的作品。赵庆泉与孟广陵两位盆景艺术大师在江都区盆景协会会长严龙金的陪同下,对现场创作的作品作了点评。

扬派盆景是中国盆景五大流派之一,以其严谨而不失变化、灵秀而不失雄壮的独特风格饮誉海内外。扬州市江都区作为扬派盆景的重要传承地,近年来一直以产业发展推动文化传承,坚持围绕传统花木种植业、扬派盆景艺术两大主题,通过举办盆景展销、盆景制作等多种活动,打造鲜明的产业特色,盆景产业正在走出扬州,走向全国。

2022.2

浙江省盆景艺术大师评选结果出炉

2 月,由浙江省花卉协会盆景分会组织开展的第二批浙江省特级盆景艺术大师、第三批浙江省盆景艺术大师、浙江省高级盆景技师、浙江省盆景技师的评选活动落下帷幕。经自愿报名,组织专家进行资格审查,并经过多轮技能考核,最后评选出楼学文、徐立新、陈迪寅等 3 人为"浙江省特级盆景艺术大师",评选出金育林、马荣成、邱潘秋、许瑞华、陶志钦、杭少波等 6 人为"浙江省盆景艺术大师",评选出潘建从、宋亚明、赵武年、汤红良、葛德志、顾志新、项希兴、叶晓伟、潘庆山、朱伟波、吴宝华、方强华、孙贤贞等 13 人为"浙江省盆景高级技师",评选出陈士旦、沈学方、张利民、马礼平、郑林伟、钟建森、林清松、叶茂等 8 人为"浙江省盆景技师"。

浙江省经济发达,盆景艺术事业活跃,爱好者众多。浙江省花卉协会盆景分会自成立以来坚持引导浙江省盆景艺术事业发展,在袁心义会长的带领下开展浙江省盆景艺术大师、高级技师评选活动,并征求多方意见,制订了严格的评选标准及程序。

佛山市北滘镇盆景协会
庆"三八"女会员盆景展

2022.3.8

3月8日，由北滘镇盆景协会和北滘镇宣传文体旅游办公室联合主办、蓬莱书院－小蓬莱艺术馆协办的"当盆景遇上古院落——庆'三八'·北滘镇盆景协会女会员盆景展"在小蓬莱艺术馆举办。

顺德书法家协会副会长、蓬莱书院院长——小蓬莱艺术馆馆长周志锋，怡和中心董事长、北滘镇女企业家协会副会长胡小萍，顺德书法家协会副主席冯杏玲，顺德区清晖园博物馆馆长梁冠蓝，北滘镇盆景协会会长梁洪添、荣誉会长冯富强和副会长卢永添、黄志聪、何添文等领导、嘉宾和女会员们一起出席了当天的活动。

本次展览共展出女会员盆景作品38盆，以中、小型盆景为主。

坐落于顺德北滘镇的蓬莱书院－小蓬莱艺术馆是一间充满书香艺术气息的院落，由古祠堂修葺而成，具有岭南古建筑风格，古朴典雅，既展现了古建筑之美，又让盆景艺术更添魅力。

2022.3.28

第 29 届广州园林博览会
暨广州国际花卉艺术展

　　3 月 28 日，第 29 届广州园林博览会暨广州国际花卉艺术展在海心沙亚运公园开幕。为配合做好疫情防控工作，本届园博会取消现场观展活动，实行线上观展。本届园博会以"花容粤貌"为主题，分精品园林展、国际花艺展、大湾区城市花园展、"一带一路"竹艺作品展、岭南盆景展、新优花卉展及户外休闲方式展七大板块。

2022.4.15

第三届中国·淮安盆景展暨
首届"最美四月天"淮阴赏杜鹃活动

　　4月15日,第三届中国·淮安盆景展暨首届"最美四月天"淮阴赏杜鹃活动开幕式在古淮河映山红主题景观带开幕。

　　淮安自古便有种植培育盆景的传统,改革开放之后,淮安盆景人师法自然,从各种盆景流派中汲取养分,逐步形成了淮安盆景的独特风格,近年有众多盆景作品在各类盆景展览中获奖。2021年5月28日,淮安市花木盆景协会成立,曹立波当选会长,汤华、蔡一兵、孙晨鸣、程福明、刘庆祥、刘洪生当选副会长,姚晶当选秘书长,为淮安盆景事业的快速发展奠定了基础。

　　曹立波会长创建的江苏瀚悦花卉盆景园艺有限公司,耗巨资引进5万余株杜鹃花植于有着"运河之都、百里画廊"美誉的淮阴区古淮河畔,倾力打造出省内唯一的古淮河映山红主题景观带。本次盆景展暨赏杜鹃活动以展示杜鹃之美、展示盆景的文化魅力为主题,共展出盆景作品近300盆,品种有各类杜鹃及松柏、老鸦柿、石榴等。

2022.5.28

中山市第十二届荷花旅游文化展
暨第十四届中山盆景精品展

　　5 月 28 日，中山市第十二届荷花旅游文化展暨第十四届中山盆景精品展在祥农洲农耕生活文化园开幕。本次展览由中山市沙溪镇人民政府、中山市中山莲文化促进会、中山市花卉协会、中山市盆景协会、中国联通中山市分公司联合主办，中山市祥农洲农业高新科技有限公司承办，是 2022 中山·沙溪文化旅游嘉年华系列活动之一。

　　本次参展盆景作品由中山市盆景协会主持征集，黄圃、古镇、小榄、南头、阜沙、民众、东凤、南朗等镇区盆景协会和灯都盆景园积极组织作品参展，其他未成立盆景协会组织的镇区盆景爱好者也通过市盆景协会的平台报名参展，在全市范围内共征集了 200 余盆具有代表性的岭南盆景作品展出。评审委员会根据广东省盆景协会 2019 年修订的《岭南盆景评比标准和评比方法》，评选出金奖 14 件、银奖 26 件、铜奖 53 件。

2022 6.5

容桂成立盆景大师工作室

　　6月5日，容桂盆景大师工作室揭牌暨《盆景园林文化战略合作框架意向书》签约仪式在广东省佛山市顺德区容桂街道细滘社区合园内举行。顺德区委宣传部、容桂街道党工委、华南农业大学林学与风景园林学院、国际盆景协会中国区委员会、中国风景园林学会花卉盆景赏石分会、广东省盆景协会等单位和组织代表与众多盆景爱好者齐聚"中国盆景名镇"容桂，一同见证岭南盆景界盛事。

　　揭牌仪式后，容桂街道办事处和华南农业大学林学与风景园林学院签订了《盆景园林文化战略合作框架意向书》，双方将加强合作，在盆景产业品牌创建、基地共建、匠人培训、产业链发展等方面协同发展。中国盆景艺术大师彭盛材、广东岭南盆景艺术大师梁志坚进行了现场盆景教学，深入浅出地讲解盆景制作的技巧与理念。

2022.6.23

厦门国际花卉及花园园艺博览会推出闽派盆景精品展

　　6 月 23 至 27 日,2022 厦门国际花卉及花园园艺博览会在厦门国际会展中心举办,由福建省花卉协会盆景分会和厦门市盆景花卉协会联合主办的第二届闽派盆景精品展同期举行,展出以闽派盆景技艺传承人柯成昆先生为代表的数十位盆景作家的近百件盆景精品,集中展示闽派盆景深厚的文化底蕴和独特的技艺传承,为厦门国际花卉及花园园艺博览会增添了独具地域特色的文化底蕴。

2022 6 26

如皋精品盆景邀请展暨线上线下拍卖大会

6 月 26 日至 30 日,由中国盆景艺术家协会、南通市职工盆景协会主办,如皋市花木盆景产业联合会承办,江苏皋峰文化发展有限公司、如皋众微花木盆景有限公司协办的如皋精品盆景邀请展暨线上线下拍卖大会在如皋国际园艺城盆景直播分享中心举办。中国盆景艺术家协会会长鲍世骐,常务副会长徐昊、樊顺利、芮新华、吴吉成、李伟,副会长王如生、周士峰、詹国灯、李国宾、刘磊、朱德保、姜文华,中国花卉协会盆景分会会长施勇如、秘书长郝继锋,南通市职工盆景协会常务副会长李军、副会长吉根、秘书长钱国柱,南通花木盆景学会会长徐向阳等盆景界知名人士,如皋市相关领导与部门负责人及众多盆景爱好者参加了本次活动。

2022 8.1

2022 顺德图书馆盆景艺术体验活动

8 月 1 日,由佛山市文化广电旅游体育局、顺德区文化广电旅游体育局、共青团顺德区委员会主办,佛山市顺德图书馆承办,顺德区志愿者(义务工作者)联合会、顺德区社区学院、大良街道升平社区居民委员会、北滘镇盆景协会等协办的 2022"筑梦佛山"文化艺术体育公益夏令营顺德图书馆分营盆景艺术体验活动在佛山市顺德图书馆一楼大厅举办。

近几年,顺德图书馆致力于盆景文化的传播,已数次参与盆景传播交流与盆景展览活动,让众多读者借助图书馆网站了解盆景艺术,充分发挥公共图书馆的文化传承和文化惠民作用。

2022 8 11

《向天涯：中国盆景艺术大师胡乐国艺术全集》出版座谈会

　　8 月 11 日，在中国盆景艺术大师胡乐国先生逝世 4 周年之际，他的学生团队联合浙江嘉善碧云花园举办了《向天涯：中国盆景艺术大师胡乐国艺术全集》出版座谈会、胡乐国大师盆景作品图片展和"浙风瓯韵"4 周年纪念盆景展也同期举办。

　　世界盆景友好联盟名誉主席胡运骅，中国盆景艺术大师赵庆泉、徐昊、黄敖训、史佩元、夏国余，浙江省花卉协会会长邢最荣，上海盆景赏石协会原会长陆明珍、会长郭新华、秘书长程小华，浙江省风景园林学会盆景艺术分会名誉会长干爱民，上海海湾国家森林公园盆景苑盛影蛟，福建福鼎盆景协会副会长王念奈，江西南昌些园李飙，《向天涯：中国盆景艺术大师胡乐国艺术全集》的责任编辑——浙江大学出版社的李海燕，为《向天涯：中国盆景艺术大师胡乐国艺术全集》设计排版的雷建军，担任本书文字指导的杭州师范大学教授黄爱华以及胡乐国大师的学生团队成员等共 60 余人参加座谈会。

　　《向天涯：中国盆景艺术大师胡乐国艺术全集》全书 23 万字，收录照片 1081 张，用珍贵的原始记录重现了胡乐国先生毕生对中国盆景艺术的热忱和贡献。

2022.9.17

化州市盆景奇石协会 2022 年年会
暨化州市科学技术协会全国科普日活动

　　9 月 17 日，广东省化州市盆景奇石协会 2022 年年会暨化州市科学技术协会全国科普日活动——秋季盆景制作及养护知识讲座在化州盆景园成功举行，本次活动邀请了专家做主题演讲和造型创作演示，以期促进化州市盆景、奇石事业发展。化州市科学技术协会副主席劳新行、科普部部长陈伟，中国盆景艺术大师谢克英，广东省盆景协会副会长林伟栈、汪尚星、杜耀东，广东岭南盆景艺术家廖开文，粤西盆景艺术交流中心副理事长陈永安，茂名古木收藏协会会长陈家艺，化州市盆景奇石协会会长梁志伟以及全体会员参加了本次活动。

　　活动期间，还举办了一场小规模的盆景、奇石展，参展的数十件作品都是会员珍藏之作，有些还是在省、市各级展览中获奖的作品。与会者结合专家老师的点评，驻足观赏，友好交流。

2022.9.23

福建省第三届(永春)盆景展

　　9 月 23 日,福建省第三届(永春)盆景展在永春县岵山镇海峡花卉文旅产业园拉开帷幕。本次活动由泉州市总工会、泉州市人力资源和社会保障局、泉州市林业局主办,永春县总工会、永春县人力资源和社会保障局、永春县农业农村局、永春县林业局、岵山镇人民政府承办,永春县乡村振兴促进会、永春县盆景赏石协会、永春华辰盆景研发中心协办,展出来自泉州、厦门、莆田、漳州、福州、南平、三明、龙岩、宁德等地送展的盆景120 盆。

2022.9.28

2022 年虎丘万景山庄开放 40 周年庆典暨苏派盆景圆桌会议

9 月 28 日至 10 月 9 日，苏州虎丘万景山庄开放 40 周年系列纪念活动成功举办。本次活动内容丰富，包含苏派盆景艺术展、苏州市盆景工职业技能竞赛、苏派盆景 40 周年纪录片拍摄、盆景文化论坛及苏派盆景圆桌会议等多项活动。

苏派盆景圆桌会议 10 月 9 日在虎丘塔影书苑举办。会议由虎丘山风景名胜区管理处原党总支副书记谈秋毅主持，苏州市园林和绿化管理局副局长韩立波致欢迎辞，虎丘山风景名胜区管理处主任孙剑锋致辞回顾了万景山庄 40 年的发展历程，苏州盆景名家叶世树、李为民、沈柏平、史佩元等先后回忆了老一辈苏州盆景人为推动苏派盆景发展的故事。随后，与会嘉宾就国有盆景园发展方向、盆景产业化发展前景、苏派盆景传承发展等议题各抒己见，胡运骅、赵泉泉、郭新华、张小宝、杨贵生、严龙金、徐永春、周奉国、卜复鸣等高度评价了虎丘万景山庄对推动中国盆景发展的贡献，就中国盆景如何发展、提升，如何再创新高提出见解。

2022 年苏派盆景艺术展

2022 9.28

　　9 月 28 日,恰逢享誉全国盆景界的虎丘万景山庄开放 40 周年,由苏州市园林和绿化管理局主办的 2022 年苏派盆景艺术展在苏州耦园拉开帷幕。苏州市委机关工委副书记周永森、苏州市园林和绿化管理局局长曹光树及盆景收藏家张小宝、杨贵生,中国盆景艺术大师盛定武、史佩元、沈柏平等领导、嘉宾出席了开幕式。展览不仅有虎丘、拙政园、留园等风景区国有盆景园送展的馆藏盆景与赏石精品,还有苏州市盆景协会、苏州市职工盆景协会、苏州市花卉盆景研究会及盆景收藏家张小宝、杨贵生等送展的作品,共展出盆景作品 133 件、赏石藏品 30 件。

　　展览期间,主办单位组织虎丘、拙政园、留园三家盆景专类园的盆景技师现场展示盆景操作技艺,答疑盆景养护知识。苏派盆景文化研究学者卜复鸣、中国盆景艺术大师史佩元在虎丘塔影书苑开启主题为"文化博大精深,时代风云激荡"的盆景历史与发展文化论坛,多方位、多角度地为市民、游客搭建技术交流、盆景鉴赏、操作体验的平台。

2022 9.29

枣庄首届乡土特色品牌技能人才大赛

9 月 29 日至 10 月 9 日,山东省枣庄市首届"农业银行·创业杯"乡土特色品牌技能人才大赛暨石榴盆景展览在峄城区石榴融创园举办。本次大赛以"匠心传承特色品牌、技能助力乡村振兴"为主题,打造了"赛展一体"的盆景展博园,出台了具有地域特色的行业规范。大赛还联合技工院校建设了一处常设的技能竞赛基地和研学实践培训基地。同时,本次盆景展览也是枣庄市有史以来规模最大的一次,参展作品达 500 多盆。

2022 10.1

第五届遵义市花卉盆景协会喜迎国庆盆景艺术展

10 月 1 日,第五届遵义市花卉盆景协会喜迎国庆盆景艺术展在该市美术馆 1964 分馆开展,吸引了众多盆景爱好者观展。本次展览设室内和室外两个展区,展出遵义市花卉盆景协会会员盆景作品 100 件、奇石作品 60 件。

"海韵·江南风"系列展览

2022年,上海市盆景赏石协会与上海世博文化公园联合上海植物园、上海市观赏石协会、扬州瘦西湖风景区管理处扬派盆景博物馆、苏州虎丘万景山庄及知名盆景收藏家杨贵生、史佩元、郑志林、孙龙海等,在上海世博文化公园新开放的申园举办了"海韵·江南风"系列盆景赏石展览,活动精彩纷呈。整个展览分为三个阶段:

第一阶段:"海韵·江南风"——盆景赏石展,2021年12月31日至2022年2月6日,参展作品除上海市盆景赏石协会的会员提供外,还邀请了上海植物园、扬派盆景博物馆和苏州虎丘万景山庄三家国有盆景园馆藏作品参展,展示海派、苏派、扬派盆景之魅力。

第二阶段:"海韵·江南风"——盆景赏石插花展,2022年2月7日至3月14日,参展盆景作品除上海市盆景赏石协会会员作品外,还邀请了盆景乐园郑志林先生携作品参展。

第三阶段:"海韵·江南风"——中国人的雅致生活,2022年8月22日至10月19日,参展作品除上海市盆景赏石协会会员作品外,还邀请了杨贵生先生及史佩元大师、孙龙海大师先后携作品参展。

2022.10.26

"中国白茶第一村"柏柳盆景、兰花、根艺展

10 月 26 日,由福鼎市点头镇柏柳村民委员会主办,福鼎市盆景协会、兰花协会协办的盆景、兰花、根艺展在"中国白茶第一村"——点头镇柏柳村举办。此次展览共展出盆景、兰花、根艺作品 200 多件,主要品种以当地特色树种为主,其他松柏、杂木、花果掩映其间,丰富多彩,让人眼花缭乱,更有用福鼎白茶树制作的盆景作品,造型巧妙,展示了福鼎山水风光和地理特色。

2022.10.28

2022 年全国精品盆景展

10 月 28 日至 31 日,由中共如皋市委员会、如皋市人民政府、中国花卉协会盆景分会共同主办,中国风景园林学会花卉盆景赏石分会、中国盆景艺术家协会、盆景乐园网站等单位协办的 2022 年全国精品盆景展在江苏省如皋市举办,本次活动主题为"匠心铸臻品,生活赋诗意"。

经过各省(区、市)严格、认真、广泛遴选,共有山西、上海、江苏、浙江、安徽、福建、广东、广西、山东、河南、江西、湖北、湖南、海南、重庆、四川、贵州、陕西、云南等 19 个省(市、自治区)近 300 盆盆景参展,其中大型 116 盆、中型 108 盆、小型及微型组合 33 盆、山水水旱 36 盆。展览共评出特等奖 6 个、金奖 18 个、银奖 35 个、铜奖 59 个。同期还举办了 2022 中国如皋盆景交易暨拍卖大会,采取拍卖大会、盆景展销、直播带货 3 种方式,所有参展作品均可参加现场线上线下双线拍卖,与展览相互映衬,相得益彰。

浙江省第十届盆景艺术展

2022.11.1

　　11月1日,浙江省第十届盆景艺术展在嘉兴拉开了帷幕。本次展览指导单位为浙江省住房和城乡建设厅,主办单位为浙江省风景园林学会,承办单位为浙江省风景园林学会盆景艺术分会、嘉兴市园林绿化学会和桐乡市风景园林学会,支持单位为嘉兴市住房和城乡建设局、嘉兴市园林市政管理服务中心、嘉城集团。

　　本届展览展出了来自浙江省11个地市的共计400件优秀盆景作品。作品类型丰富多样,有杂木盆景、松柏盆景、水旱盆景和小微组合盆景等,主要树种有五针松、黑松、黄山松、真柏、刺柏、榆树、雀梅、三角枫、老鸦柿等。本届展览特设参展不参评的大师作品展示区,展出了近40件浙江省盆景艺术大师的个人代表作品。经过评委认真评审,浙江省第十届盆景艺术展共评选出金奖作品27件,银奖作品43件,铜奖作品74件。

　　除了盆景展作品评比,本届展览还举办了新晋浙江省盆景艺术大师创作表演、2022年浙江省园林绿化(盆景工)职业技能竞赛等活动,并召开了浙江省风景园林学会盆景艺术分会第17次理事会。

成都市第二十四届盆景展

2022.11.4

　　11 月 4 日，由成都市公园城市建设管理局指导，成都市风景园林学会主办，成都市百花潭公园、成都市风景园林学会花卉盆景分会承办的成都市第二十四届盆景展在成都百花潭公园开幕。成都市公园城市建设管理局二级巡视员罗晓辉，成都市公园城市建设管理局公园处副处长江涛，成都市百花潭公园主任谢宗良，国际盆景协会中国区副主席吴敏，成都市风景园林学会花卉盆景赏石分会会长雷慧中，中国高级盆景艺术师、川派盆景非物质文化遗产传承人张重民等出席开幕式。

　　两年一届的盆景展是成都市的传统展览，本次展览以"传承盆景文化，品味百花神韵"为主题，共展出盆景作品 300 余件，规模为历年最大，除来自成都市市属公园、区县盆景协会的盆景作品外，还邀请了重庆、自贡、泸州、乐山、绵阳、德阳、眉山、宜宾、资阳等地盆景界精心选送的作品，为广大市民呈现了一场精彩的盆景艺术盛宴。

2022.11.8

随州市金秋菊花盆景兰花展

　　11 月 8 日，由随州市城市管理执法委员会主办，随州市风景园林协会、花木盆景协会、兰花学会承办的随州市金秋菊花盆景兰花展在随州市樱花公园开展。盆景展览共展出各类盆景 500 余盆。

2022.11.9

安吉县第十五届盆景展

　　11月9日，由浙江省湖州市安吉县林业局主办，安吉县盆景协会承办的安吉县第十五届盆景展在生态广场开幕，参展作品120盆，以安吉县特产的天目松、老鸦柿为主，充分展示了安吉县盆景艺术特色。

　　安吉县盆景艺术历史悠久，资源丰富，安吉县盆景协会自1980年成立以来，先后组织了十余次盆景艺术展览，推动了安吉县盆景艺术事业的发展。

2022.11.11

第七届淮南文化博览会盆景展

　　11月11日至20日，第七届淮南文化博览会在安徽省淮南市人民公园举办。本次活动得到了中国花卉协会盆景分会、安徽省盆景艺术家协会、安徽省花卉协会盆景分会、淮南市盆景协会、蚌埠市花卉协会、蚌埠市盆景赏石协会的支持。另外，由淮南盆景文化艺术研究会(盆景展销联盟)承办的淮南文化博览会首届精品盆景展暨盆景交易大会也同期举办。

2022.11.25

第三届"浙江杯"盆景艺术展
暨第七届浙江省盆景技能操作比赛

11 月 25 日,由中国花卉协会盆景分会指导,浙江省花卉协会、金华市金东区农业农村局主办,浙江省花卉协会盆景分会、金华澧浦花木城承办的第三届"浙江杯"盆景艺术展暨第七届浙江省盆景技能操作比赛在金华市澧浦花木城拉开帷幕。

第三届"浙江杯"盆景艺术展参展盆景 245 盆,中国盆景艺术大师冯连生、王如生、张志刚担任评委,共评选出特等奖作品 12 件、金奖作品 24 件、银奖作品 35 件、铜奖作品 57 件。第七届浙江省盆景技能操作比赛共有来自全省各地的 30 名盆景选手同台竞技,选手们各展所长,在规定时间内完成创作,展示了不俗的创作实力。

2022.12.16

2022 中国（中山）花木产业大会暨盆景精品展

12 月 16 日，2022 中国（中山）花木产业大会在中山市横栏镇成功开幕。大会着力推进绿美广东生态建设和"百县千镇万村"高质量发展工程。大会由广东省农业农村厅、广东省林业局、中山市人民政府、中国花卉协会绿化观赏苗木分会和广东省花卉协会主办，中山市农业农村局、中山市自然资源局和中山市横栏镇人民政府承办。

在本次大会异彩纷呈的活动中，由广东省盆景协会、广东省花卉协会协办的 2022 国际（中山）盆景精品展于横栏西江花洲公园 3 号驿站展出，岭南盆景作品是展览重头戏。

岭南盆景以自然界的树木形态为师，注重作品的整体效果，讲究树形气韵、枝的四歧分布，方寸山水蕴千岩之秀，咫尺繁茂融古今之灵，无论是古拙嶙峋的大树型还是飘逸潇洒的画意树都给人一种天然古朴的印象，既存自然树相又满含诗情画意，让人们得到一种回归自然的享受。广东省盆景协会广泛遴选参展盆景作品，并派遣专家委员会委员负责展品接收登记、布展、评比、创作表演及宣传报道等工作，加之广西、海南等地选送的盆景作品，共计 300 余件作品汇聚一起，风格各异，佳作纷呈，为盆景艺术爱好者提供了一场视觉盛宴。

2022.12.29

首届西部盆景联盟学术交流会暨迎新盆景展

12 月 29 日，首届西部盆景联盟学术交流会暨迎新盆景展在成都杜甫草堂博物馆举办。西部盆景联盟于 2019 年 12 月由贵州盆景艺术协会、国际盆景赏石协会（BCI）四川交流中心、广西风景园林学会盆景赏石分会、云南省盆景赏石协会、重庆市园林行业协会花卉盆景分会联合发起成立。贵州盆景艺术协会原会长徐宁担任首任主席，2021 年 6 月交接到国际盆景赏石协会（BCI）四川交流中心。国际盆景赏石协会（BCI）四川交流中心主任江波兼任西部盆景联盟主席，陈帮果担任秘书长。首届西部盆景联盟学术交流会暨迎新盆景展经过一年多的时间筹划，并报中国风景园林学会花卉盆景赏石分会批复，确定在川派盆景发祥地——杜甫草堂博物馆举办。

首届西部盆景联盟学术交流会上，杜甫草堂博物馆馆长刘洪，杜甫草堂博物馆园林部主任、西部盆景联盟主席江波，西部盆景联盟成员、嘉宾吴敏、田一卫、陈帮果、王德国、杨云坤、黄连辉、刘刚、邓文祥、伍星、秦树森、田原等欢聚一堂，鉴赏盆景作品，观摩盆景创作表演，凝心聚力共商西部盆景发展大计。

第二章

松 柏 盆 景

SONGBAI PENJING

年度致敬作品

睥睨风云
树种：黑松
作者：吴德军

年度致敬作品

无题
树种:真柏
作者:曹志振

年度致敬作品

无题

树种：黑松

作者：黄教训

年 度 致 敬 作 品

古老的传说
树种：真柏
作者：芮新华

年度致敬作品

松下问童子

树种:黑松

作者:徐昊

年 度 致 敬 作 品

论道

树种：真柏

作者：童国春

年度致敬作品

恋歌
树种：赤松
作者：石凯

年度致敬作品

沁园春·韵
树种：真柏
作者：吕兴红

年度致敬作品

无题
树种：黑松
收藏：张小宝

年 度 致 敬 作 品

危崖飞渡

树种：黑松

作者：郑永泰

年度作品

青翠芳华
树种:真柏
作者:杨建

苍翠

树种：真柏

作者：周化良

俯首观云

树种：五针松

作者：汤华

旋舞
树种：五针松
作者：陈迪寅

无题

树种：真柏

收藏：张新平

吟龙
树种：赤松
作者：金育林

汉之魂

树种：真柏

收藏：周闹闹

俯瞰人间

树种：五针松

作者：蔡久宝

双雄竞秀

树种：五针松

作者：钟江琦

傲然屹立

树种：五针松

作者：陈成明

盛世华章
树种:刺柏
收藏:杨积德

无题
树种：真柏
作者：周士峰

天宫裙舞

树种：真柏

收藏：陈文辉

忆松年

树种：五针松

作者：夏国余

无题
树种:真柏
收藏:鸿江盆景园

无题

树种：真柏

作者：杜奇翰

无题
树种：真柏
收藏：张小宝

无题

树种：黑松

作者：黄敖训

苍龙出云

树种：黑松

作者：史佩元

无题

树种：黑松

收藏：百师苑

崖壁景深

树种：真柏

作者：胡林乂

无题

树种：枷罗木

收藏：百师苑

千千岁月

树种：真柏

作者：曹志振

二月二

树种：真柏

作者：陈梓豪

起舞弄清影

树种：罗汉松

作者：章明如

静
树种：真柏
作者：吴卫顺

古风神韵

树种：真柏

作者：何继刚

汉柏古韵
树种：真柏
收藏：花心思盆景

四明松韵
树种：五针松
作者：杨明来

古韵回春
树种：真柏
作者：韩琦

凌云

树种：真柏

作者：张群慧

寂静的山林

树种:真柏

作者:孙龙海

卧听风声

树种：真柏

作者：郝昌桂

狮子山下
树种：真柏
作者：李小军

第三章

杂木盆景
ZAMU PENJING

年度致敬作品

枫之情
树种：三角枫
作者：徐淦

年 度 致 敬 作 品

橘逢盛世满园春
树种：山橘
作者：欧阳国耀

年度致敬作品

古树雄风
树种：三角梅
作者：陈钊华

年度致敬作品

晚秋

树种：紫薇

作者：刘建奎

年度致敬作品

无题
树种：六角榕
作者：萧永佳

年 度 致 敬 作 品

无题

树种：榕树

作者：柯成昆

年度致敬作品

葱茏如歌

树种：雀梅

作者：楼学文

年度致敬作品

无题
树种：九里香
作者：徐闻

年 度 致 敬 作 品

紫气东来春意满
树种：三角梅
作者：黄增权

年度致敬作品

众志成城
树种:博兰
作者:陈文生

年度作品

虎啸南天

树种：朴树

作者：何灿华

君临天下

树种：木麻黄

作者：周景钗

欲探龙宫

树种：三角梅

作者：何文开

长城长

树种：对节白蜡

作者：廖吉安

天寒红叶稀

树种：榔榆

作者：付斌

钻下深海

树种：雀梅

作者：余镜图

老榆往事

树种：榆树

作者：徐立新

小鸟天堂

树种：雀梅

作者：邱潘秋

无题

树种：榕树

作者：柯成昆

无题

树种：朴树

作者：仇伯洪

翠韵悠扬

树种：山橘

作者：欧阳国耀

老雀逢春

树种：雀梅

作者：赵幼明

柳岸春晓

树种：雀梅

作者：刘凌欢

无题

树种：六月雪

作者：百师苑

梅林春晓

树种：雀梅

作者：林炽

梅韵紫霞耀岭南

树种：三角梅

作者：欧阳国耀

梅林映秀

树种：雀梅

作者：江国平

暮雨云树且归怀
树种：黑骨香
作者：黄惠联

山林满雀

树种：雀梅

作者：潘炫达

云崖苍龙
树种:三角梅
作者:邱学良

千帆渡

树种：雀梅

作者：袁浩球

无题

树种：博兰

作者：黄惠娟

雀鸣丛翠百枝俏

树种：雀梅

作者：欧春园

无题

树种：六角榕

作者：林永强

无题

树种:榕树

作者:柯成昆

无题

树种：三角梅

作者：徐闻

无题

树种:三角梅

作者:萧永佳

熬风霜

树种：细叶榕

作者：林学钊

岁月峥嵘

树种：朴树

作者：暨佳

苍龙教子

树种：东风橘

作者：黄继涛

封禅之路

树种：三角梅

作者：刘光明

吉祥如意
树种：博兰
作者：蔡显华

南岭古道春风

树种：榕树

作者：谢荣耀

平阳独树
树种：雀梅
作者：徐伟华

雀林春晓

树种：雀梅

作者：李荣华

盛世龙腾

树种：榆树

作者：郭耀生

望乡
树种：雀梅
作者：龙飙

一枝和风送行尘

树种：博兰

作者：黄就伟

天姿国色

树种：雀梅

作者：陈满田

俯视

树种：对节白蜡

作者：张曙凯

万众一心
树种:博兰
作者:周维芳

俯仰无悔

树种：对节白蜡

作者：章征武

雄风犹在

树种：雀梅

作者：何锦标

铁骨铮铮

树种：雀梅

作者：张志权

长相依

树种：山橘

作者：郑杰强

幽静

树种：榆树

作者：杨文兴

第四章

山 水 盆 景

SHANSHUI PENJING

年 度 致 敬 作 品

形与影
石种：英德石
作者：严龙金

年 度 致 敬 作 品

黔山秀水

树种：真柏

作者：彭年伦

年度致敬作品

武陵源
石种：宣石
作者：朱永康

年 度 致 敬 作 品

漓江如画
材种：龟纹石、芝麻草等
作者：韩琦

年 度 致 敬 作 品

山居闲云

石种：九龙璧

作者：黄大金

年度作品

江山墨韵
石种:英德石
作者:董锦善

峭壁烟云

石种：木纹石

作者：朱军山

湖光帆影

石种：国画石

作者：赵德发、陈圣

赤壁回音
石种：英德石
作者：王妙青

奇峰异彩

石种：磷矿石

作者：高贺荣

山水沂蒙
材种：米叶冬青、龟纹石
作者：卢彪

水墨江山图

石种：云雾石

作者：曾庆海

归帆图

石种：石灰石

作者：郑文俊

张家界神韵
石种：太行石
作者：罗志全

叠韵
材种：绿蜡石、榆树
作者：徐永春

观沧海

石种：英德石

作者：郭少波

墨山雾雪
材种：国画石、真柏
作者：陈科

锦绣山河

材种：龟纹石、黄杨、对节白蜡

作者：舒杰强

群峰竞秀

石种：石笋石

作者：芮亮元

大江东去

材种：石灰石、枸子

作者：刘俊

湖光山色
石种：沙漠漆
作者：符灿章

湖光山色尽春晖

石种：绿松石

作者：仲济南

江清月近
材种：云雾石、真柏等
作者：曾庆海

峡江帆影

材种：龟纹石、真柏

作者：韦群杰

瀛洲烟雨
石种：硅化石
作者：廖光富

波静夕阳斜

石种：砂积石

作者：肖宜兴

第五章

水旱盆景

SHUIHAN PENJING

年度致敬作品

秋林秀色
材种：鸡爪槭、英德石
作者：赵庆泉

年度致敬作品

春风又绿江南岸
树种：朴树
作者：梁锃坤

年度致敬作品

秋艳图

树种：石榴

作者：张宪文

年度致敬作品

丹云参差
树种：老鸦柿
作者：楼学文

年度致敬作品

枫林更显佳境

树种：博兰

作者：刘传刚

年度致敬作品

松下觅句

树种：大阪松

作者：盛影蛟

年 度 致 敬 作 品

枫林醉

树种：三角枫

作者：张志刚

年 度 致 敬 作 品

楚风迎盛世
树种：榔榆
作者：邵火生

年度致敬作品

梅林仙踪
树种：雀梅
作者：盛光荣

年度致敬作品

野趣

树种：榆树

作者：黄学明

年度作品

橘乡恋
树种：山橘
作者：芮新华

气贯长虹

树种：雀梅

作者：邝伟强

思望
树种：相思
作者：洪容兴

楚风骄扬

树种：对节白蜡、榆树

作者：舒杰强

江南早春

树种：真柏

作者：张继国

雄踞

材种：对节白蜡、千层石

作者：程东明

好风劲吹自贸岛

树种：博兰

作者：侯明刚

榴岛之恋

树种 : 榆树

作者 : 李晓波

云影松涛

材种：五针松、英德石

作者：严龙金

山幽图

树种：博兰

作者：王礼勇

我言秋日胜春朝

树种：榆树

作者：周运忠

丹崖凌云

树种：黑松

作者：刘丙礼

梅林逸趣

树种：雀梅

作者：柯汉杰

在水一方
树种：榆树
作者：许瑞华

清泉石上林

树种：五针松

作者：金建胜

坐看青影待春落

树种：榆树

作者：陈梓豪

江淮风情

树种：三角枫

作者：刘传富

无题
树种:黑骨香
作者:林永强

清溪渔画
树种：真柏
作者：陈建

枯木洞天横翠微

树种：榆树

作者：冷若冰

疏林烟雨

树种：老鸦柿

作者：胡宁

一脉相承

树种：对节白蜡

作者：王勇

水绘情缘

树种:黄杨

作者:陈冠军

砥砺前行

材种：虎刺、英德石

作者：严金龙

第六章

附石盆景

FUSHI PENJING

年度致敬作品

细流三千尺
材种：榆树、英德石
作者：韩学年

年度致敬作品

云崖论道
材种：朴树、英德石
作者：郑永泰

年度致敬作品

醉秋
树种：火棘
作者：汪元斌

年 度 致 敬 作 品

山林春色

树种：榆树

作者：詹庭

年度致敬作品

高山仰止
树种：真柏
作者：周波

年度作品

无题
树种：山橘
作者：曾安昌

凤凰台上忆吹箫

树种：榆树

作者：郭永新

碧翠云涯

树种：福建茶、英德石

作者：陈志就

枫石韵
树种：三角枫
作者：谢树俊

相伴一生
树种：榆树
作者：盛光荣

抱石听涛

树种：三角枫

作者：孙胜望

红霞锁山中
树种：朝朝红
作者：林学钊

醉看风云

树种：山松

作者：黄就成

无题
树种：榕树
作者：洪容兴

云中君

树种：榆树

作者：朱达友

玉龙攀登吐彩霞
树种：三角梅
作者：王耀华

故乡的云

树种：雀梅

作者：谢荣耀

峃峰翠影

树种：榆树

作者：陈根颐

第七章

花 果 盆 景

HUAGUO PENJING

年度致敬作品

万事如意
树种：金弹子
作者：符自杰

年 度 致 敬 作 品

榴林梦意

树种：石榴

作者：汤华

年度致敬作品

山河社稷图

树种：金弹子

作者：邹华阳

年度致敬作品

太平盛世
树种：石榴
作者：齐胜利

年度致敬作品

凌寒独自开

树种：梅花

作者：许瑞华

年度作品

丰收
树种：老鸦柿
作者：张辉安

谈古论今

树种：金弹子

作者：裴家庆

临渊无畏寒
树种：梅花
作者：王念奈

翠叶红珠

树种：金弹子

作者：朱前贵

秋风一夜满树红

树种：老鸦柿

作者：刘传富

枸寿

树种：枸杞

作者：周永强

龙腾欲跃
树种：梅花
作者：冯炳伟

秋实
树种：老鸦柿
作者：叶守海

三阳开泰

树种:金弹子

作者:周润武

无题

树种：火棘

作者：王礼宾

繁花

树种：杜鹃

作者：曹立波

梨园春秋

树种：梨树

作者：张世细

春华秋实

树种：枸骨

作者：胡林波

秋韵

树种：冬红果

作者：徐玉峰

卧虎藏龙

树种：石榴

作者：王林

子规啼春枝上花
树种：杜鹃
作者：李荣华

秋实

树种：野山楂

作者：王洪星

金色年华

树种：柿子

作者：史荣超

华盖入园

树种：石榴

作者：张忠涛

悬涧冰姿春舞雪

树种：棠梨

作者：刘传富

寒色独香

树种：梅花

作者：王念奈

又是一年秋好处

树种：山楂

作者：李荣华

大吉大利

树种：两面针

作者：陈志就

春华秋实

树种：石榴

作者：张忠涛

万紫千红

树种：紫藤

作者：芮新华

望断南飞雁
树种：老鸦柿
作者：徐昊

古梅展姿

树种：梅花

作者：刘传富

秋意闹枝头

树种：石榴

作者：孙国龙

无题

树种：火棘

作者：林南

追日

树种：石榴

作者：李新

苍龙入海

树种：金弹子

作者：曾玖疆

怒放
树种：夏鹃
作者：杨彪

马陵秋色

树种：冬红果

作者：李运平

第八章

小　品　盆　景

XIAOPIN　PENJING

年度致敬作品

绿韵
树种：黑松、三角枫、真柏、老鸦柿、槭树、黄杨
作者：郑志林

年度致敬作品

情系江南
树种：对节白蜡、榆树、真柏、金叶女贞、珍珠地柏等
作者：王元康

年度致敬作品

古寺钟声远

材种：矿物晶体

作者：顾宪旦

年 度 致 敬 作 品

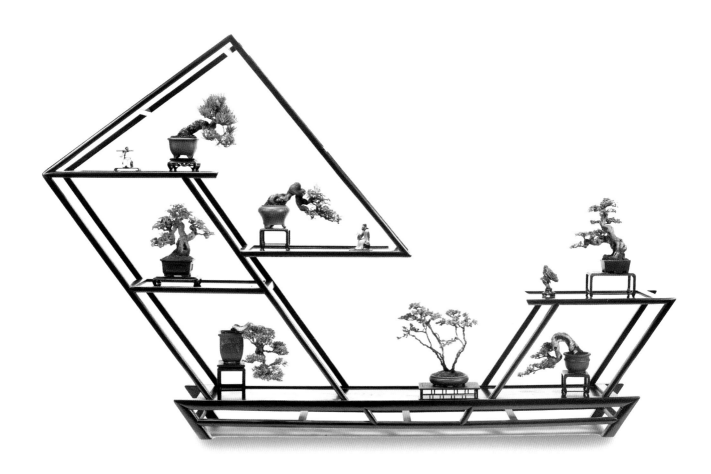

小景怡情

树种：大阪松、金边女贞、胡椒木、真柏、珍珠地柏、小叶女贞、米叶冬青

作者：倪民中

年度致敬作品

春夏秋冬
树种：黑松、真柏、胡颓子、长寿梅、木瓜、唐枫
作者：吴吉成

年 度 作 品

苍翠
树种：黑松、肉桂、三角枫、石化桧、真柏、缩缅葛
作者：郑晨

入画
材种：寿松、雀梅、栀子、黄杨、枸子、榆树、三角枫
作者：芮成

秋实

树种：枸子、长寿梅、大阪松、罗汉松、缩缅葛、黑松等

作者：周烨

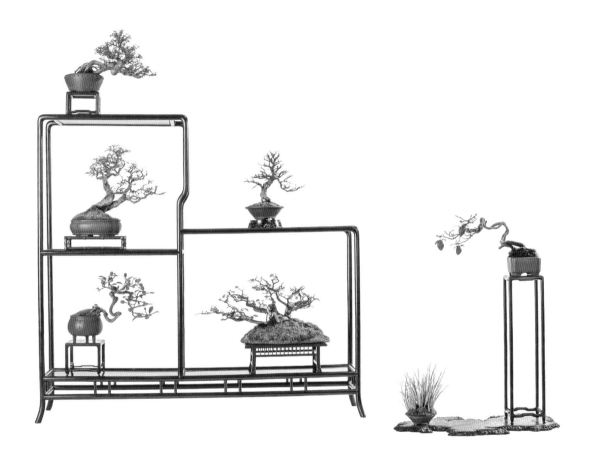

忘言
树种：迎春、石榴、榆树、金豆、雀梅、老鸦柿等
作者：楼学文

雅意
树种：刺柏、雀梅、胡椒木、黑松、火棘、鸡爪槭
作者：方志刚

梦里水乡

材种：矿物晶体

作者：蒋芙蓉

妙藏毫厘

树种：真柏、大阪松、六月雪、老鸦柿、迎春、鸡爪槭

作者：许松

日月同辉

树种：黑松、火棘、木瓜等

作者：刘德祥

远树听泉流

树种：枸子、连翘、对节白蜡、雀梅、黑松、三角枫、真柏

作者：吴鸣

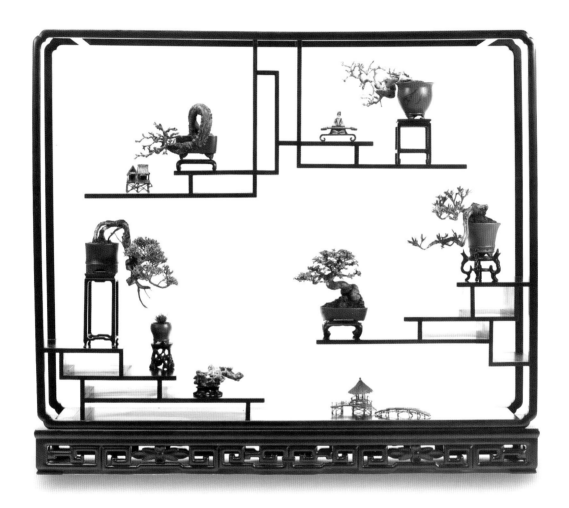

通幽

树种：金雀、对节白蜡、真柏、榆树、罗汉松

作者：许宏伟

无题
树种：黑松、三角枫、榆树等
作者：李健

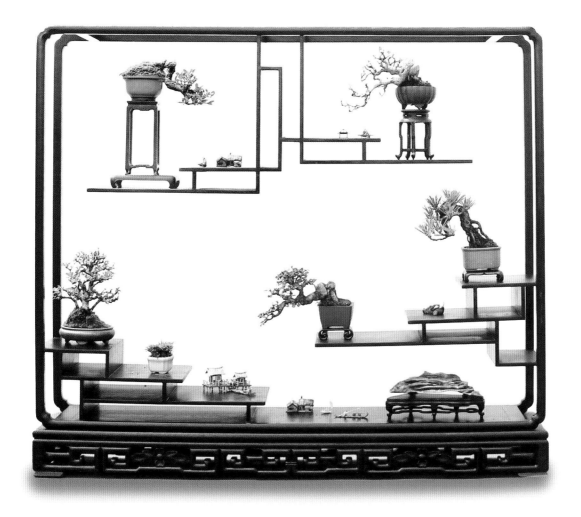

闻幽

树种：黑松、榆树等

作者：王亚政

清雅

树种：真柏、黑松、五针松、长寿梅、榆树、海棠

作者：俞旭

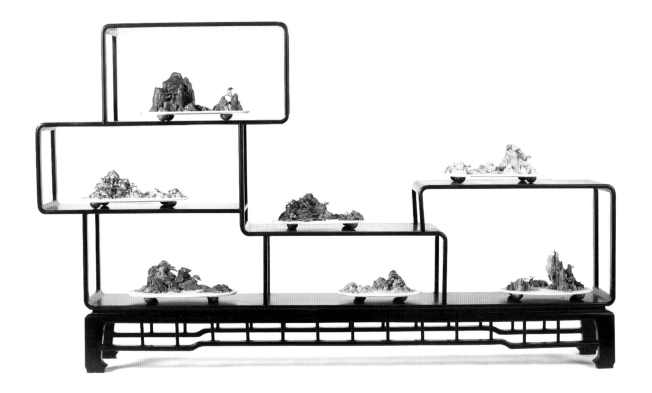

无题

材种：矿物晶体

作者：张继国

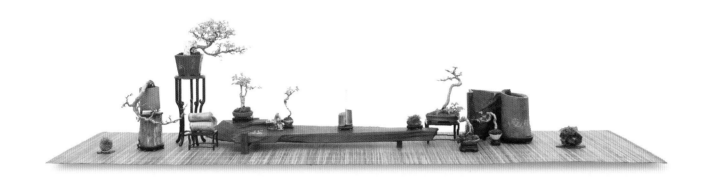

余生百态

树种 : 榆树

作者 : 李飙

春风又绿江南岸
树种：大阪松、黄杨、栀子、真柏、榆树、爬山虎
作者：周礼拉

绿舞蹁跹
树种：榔榆、对节白蜡、米叶冬青、三角枫
作者：蒋丽蕊

天凉好个秋

树种：寿松、崖柏、枸子、石榴、姬苹果、三角枫、真柏

作者：马景洲

情缘
树种：罗汉松、黄杨、榆树、火棘等
作者：刘建国

梦回金陵

树种：真柏

作者：钱卫杰

景雅

树种：真柏、黑松、罗汉松等

作者：袁振威

明清记忆

树种：枸子、六月雪、雀舌罗汉松、真柏、黑松、刺柏、榆树

作者：束存一

雅集

树种：真柏、胡椒木、雀梅等

作者：朱耘

无题
树种：黑松、栀子、金豆、元宝枫等
作者：赵霞

悠然

树种：鸡爪槭、枸子等

作者：刘俊

无题
树种：黑松、真柏、三角枫等
作者：王瑞辉

图书在版编目（CIP）数据

中国盆景年鉴 . 2022/《花木盆景》编辑部主编 . —武汉：湖北科学
技术出版社，2023.8
ISBN 978-7-5706-2649-6

Ⅰ．①中… Ⅱ．①花… Ⅲ．①盆景－观赏园艺－中国－
2022－年鉴 Ⅳ．① S688.1-54

中国国家版本馆 CIP 数据核字（2023）第 124240 号

策 划：章雪峰 邓 涛
责任编辑：王小芳 徐 旻 王志红
责任校对：秦 艺 封面设计：喻 杨

出版发行：湖北科学技术出版社
地 址：武汉市雄楚大街 268 号（湖北出版文化城 B 座 13—14 层）
电 话：027-87679468 邮 编：430070

印 刷：湖北新华印务有限公司 邮 编：430035

889×1194 1/16 18.25 印张 50 千字
2023 年 8 月第 1 版 2023 年 8 月第 1 次印刷
定 价：298.00 元

（本书如有印装问题，可找本社市场部更换）